L'AGRICULTURE

AU CHILI

PARIS

IMPRIMERIE ROGER ET CHERNOVIZ

7, rue des Grands-Augustins, 7

RENÉ F. LE FEUVRE

L'AGRICULTURE

AU CHILI

PARIS

A LA LÉGATION DU CHILI

1890

L'AGRICULTURE AU CHILI

CONDITIONS GÉNÉRALES

Climat et régions agricoles. — La forme particulière
du territoire chilien, longue bande de terre s'étendant
depuis le 17° 57' de latitude Sud jusqu'au cap Horn, et
dont la largeur varie entre 170 et 300 kilomètres, la direction du Nord au Sud parallèlement au méridien, la
situation entre la grande chaîne des Andes et l'océan
Pacifique, enfin la configuration essentiellement montagneuse du pays sont autant de causes qui produisent
une énorme diversité dans le climat du Chili.

Depuis les climats lumineux et secs, où la pluie est
complètement inconnue, jusqu'aux climats obscurs et où
il pleut continuellement, depuis les climats tranquilles,
uniformes, doux et tempérés, jusqu'aux climats tempê-
tueux, variables et de neiges éternelles, toutes les conditions climatériques se rencontrent au Chili.

Cependant, dans toutes les parties habitables, les
maxima et les minima de température sont beaucoup
moins extrêmes que dans les pays européens situés sous
les mêmes latitudes. Au Chili, les hivers sont plus doux
et les étés plus tempérés.

Cela tient à un courant maritime de l'océan Atlantique
venant des régions équatoriales, qui réchauffe la pointe
sud de l'Amérique, et à un autre courant allant du cap
Horn vers le Nord, refroidissant ainsi les eaux du Pacifique.

Les vastes champs de neiges éternelles, qui couvrent la Cordillère andine, ont aussi une influence bien marquée.

Si l'on ne considère que la partie cultivable, on peut, au point de vue agricole, diviser le pays en trois régions climatériques, qui correspondent assez exactement à des cultures spéciales.

1° La région du Nord s'étendant depuis l'extrême Nord du pays jusqu'à la province de Santiago. Dans cette région, l'humidité est très faible; les pluies fort rares, toujours peu abondantes, ne tombent que durant l'hiver, c'est-à-dire, pendant trois mois.

Dans les parties non désertiques, le nombre des jours de pluie par an varie de zéro à vingt-trois; la quantité d'eau tombée annuellement va de 0 à 300 millimètres.

Le ciel est presque constamment clair; l'intensité lumineuse des rayons solaires est considérable; les nuits sont fraîches et même froides, à cause du rayonnement nocturne; les rosées sont abondantes dans le voisinage de la mer. La température n'est jamais très élevée à l'ombre. Les maxima extrêmes ne dépassent jamais $+ 30°$, et les minima extrêmes n'arrivent jamais à $+ 4°$. Les neiges, les gelées blanches, les orages, la grêle, les ouragans sont des phénomènes à peu près inconnus dans cette partie du Chili.

Faute d'humidité suffisante, la végétation spontanée est très réduite dans cette région, et la culture des plantes agricoles ne peut avoir lieu sans le secours des irrigations artificielles.

Partout où l'eau d'arrosage ne fait pas défaut, la végétation se développe merveilleusement, et les cultures sont splendides.

2° La région du centre, comprise entre le 33e et le

37° degré de latitude Sud, c'est-à-dire depuis la province
de Valparaiso jusqu'au Bio-Bio.

L'humidité est encore très faible dans la partie qui
touche la région Nord, mais elle devient assez abondante
vers le Sud. Les pluies ont lieu principalement durant
la saison d'hiver et sont souvent très abondantes, surtout
dans le Sud. Il y a une saison sèche, qui correspond à
l'été, et une saison plus ou moins humide, qui correspond à l'hiver. Les pluies d'été ne se produisent que vers
l'extrême Sud de cette région. Le nombre de jours de
pluie est de vingt à trente dans la partie Nord, et de cin-
quante à soixante dans la partie Sud. La hauteur de l'eau
pluviale tombée annuellement est de 400 à 600 millim.
pour Santiago, et de 800 à 1 000 millimètres à Concepcion, points extrêmes de cette région.

Les vents sont constants et réguliers durant l'été; ils
soufflent du Sud-Ouest, c'est-à-dire, d'une région fraîche.
Pendant l'hiver, ils sont irréguliers et soufflent généralement du Nord-Ouest, c'est-à-dire, d'une région chaude.
Ces circonstances ont pour effet de tempérer l'été et
l'hiver. Les maxima extrêmes sont de 28° à 32° pour le
Nord durant l'été, et de 22° à 28° pour le Sud. Les tempé-
ratures minima à Santiago et à Concepcion arrivent
rarement à —2° pendant l'hiver.

Le ciel est plus souvent clair que couvert; durant l'été,
les nuages sont rares, la lumière solaire est puissante;
les nuits sont toujours claires, très fraîches, et les gelées
blanches fréquentes, depuis le commencement de l'hiver
jusqu'à la moitié du printemps. Les neiges sont incon-
nues; la grêle, les orages, les ouragans sont très rares
et ne causent jamais de grands dégâts aux récoltes.

La végétation spontanée est très développée vers le
Sud, dans les zones montagneuses des Andes et de la

Cordillère de la côte. L'irrigation artificielle est pratiquée dans toute l'étendue de cette région, dans les vallées et les plaines. Cependant beaucoup de terrains inaccessibles aux eaux d'irrigation sont cultivés en céréales et autres plantes agricoles, et produisent d'abondantes récoltes.

Cette région est la plus favorable à l'agriculture, qui s'y développe chaque jour très rapidement et a déjà acquis un degré de perfection très remarquable.

3° La région du Sud s'étendant depuis le Bio-Bio jusqu'à la Terre de Feu. Elle possède un climat humide, pluvieux, nébuleux et très tempéré. Les minima extrêmes sont — 1°, — 2° à Valdivia et à Chiloé et — 7° ou — 8° à Punta-Arenas.

A Puerto Montt, on compte en moyenne 162 jours de pluie par an et près de 3 m. d'eau tombée. A Punta-Arenas, la moyenne annuelle des jours de pluie est de 150 et la quantité d'eau tombée est de 600 millimètres de hauteur. Les pluies ont lieu toute l'année ; cependant, elles sont moins fréquentes durant l'été que dans les autres saisons. Cette région est éminemment propre aux bois et aux pâturages. C'est là surtout que l'on trouve de grandes forêts non encore explorées. La culture ordinaire y est assez difficile dans la partie Sud, à cause des pluies et de l'humidité constante qui règne dans le sol.

Dans la partie Nord voisine de la région du centre, où l'humidité est moindre, les céréales et les plantes fourragères prospèrent à merveille.

La région du Sud est donc propre à l'élevage des animaux domestiques et aux autres industries zootechniques, et est appelée à devenir prochainement un centre de grande importance pour la production animale.

Zones climatériques agricoles. — Pour chacune des régions climatériques que nous venons d'esquisser légèrement, il y a lieu de distinguer, dans le sens transversal du pays, en allant de l'Ouest à l'Est, trois zones bien caractérisées sur presque toute l'étendue du territoire de la République.

La première, celle de la côte, le plus souvent montagneuse, est plus humide, plus nébuleuse et plus tempérée que les deux autres. Son caractère principal est celui des climats maritimes.

La deuxième, qui comprend la grande vallée centrale, allant du Nord au Sud, et les vallées secondaires ou transversales, qui se dirigent de l'Est à l'Ouest et qui servent de lit aux cours d'eau actuels, est la partie où se fait la culture irriguée ; elle possède, en général, les conditions les plus favorables à la production animale et végétale.

La troisième est celle de la Cordillère des Andes, où se trouvent des pâturages d'hiver et d'été, des bois et des neiges éternelles, qui, en fondant, produisent l'eau nécessaire aux irrigations pendant la saison sèche.

En résumé, les climats agricoles du Chili sont très sains, très tempérés, doux, très réguliers et remarquablement favorables au développement des diverses industries de la production végétale et animale.

Terrain agricole ou sol arable. — Comme son climat, le sol arable du Chili est tout à fait varié. Toutes les sortes de terrains s'y rencontrent, mais généralement la plupart sont remarquables par leur fertilité, lorsque l'humidité ne leur fait pas défaut. Dans la région du Nord, les sols arables calcaires dominent, et, dans les autres régions, ils sont argileux, siliceux ou humifères.

Au point de vue agricole, il faut distinguer le sol arable

des vallées, des plaines irriguées ou non, et des montagnes. La terre arable des vallées et des plaines, formée
d'alluvions, varie suivant les localités. Dans le Nord et
dans une grande partie du centre, elle est profonde,
riche en humus et en matière assimilable et de consis-
tance moyenne ou forte. Dans le Sud, elle est moins profonde, plus sableuse ou plus argileuse, moins riche et
par conséquent moins fertile. Assez souvent, on ren-
contre même une espèce d'alios *(tosca)* formant une
couche imperméable à une faible profondeur et qui di-
minue ainsi la valeur agricole de grandes étendues de
terrain.

Le sous-sol des vallées et des plaines est formé d'une
couche de cailloux roulés, dont l'épaisseur atteint quelquefois jusqu'à 100 mètres. C'est une circonstance très
favorable pour l'irrigation. Dans le Nord et une grande
partie du centre, les terrains soumis à l'irrigation reçoi-
vent, chaque année, une couche de limon, que laissent
déposer les eaux et qui augmente l'épaisseur du sol,
tout en le renouvelant. De grandes plaines, autrefois
caillouteuses et presque stériles, se sont converties ainsi,
en moins d'un demi-siècle, en terrains de première qualité. La plaine de Santiago, une des principales du Chili,
en est un exemple bien frappant.

Sous un climat lumineux comme celui du nord et du
centre du Chili, avec l'irrigation pratiquée au moyen
d'eaux limoneuses, il n'y a point de mauvais terrains.

Le sol arable des montagnes de la Cordillère andine,
d'origine volcanique, est généralement de bonne qualité
pour les céréales d'hiver et produit naturellement d'excellents herbages utilisés pendant l'été par les animaux
domestiques. C'est dans cette zone que l'on trouve particulièrement le terrain connu sous le nom de *Trumao*

et qui est constitué par des cendres volcaniques jouissant de propriétés toutes spéciales.

Celui des parties montagneuses de la zone de la côte est le plus souvent granitique, moins profond et moins fertile. Il est consacré à la culture des céréales d'hiver et à l'élevage des animaux domestiques. Tous ces terrains de montagne, et notamment sur la côte, que l'on a complètement déboisés pour les soumettre à une culture épuisante, sont moins productifs qu'autrefois; mais, avec l'usage des engrais, qui commence à se répandre dans ces régions, ils auront bientôt recouvré leur ancienne fertilité.

Engrais. — Comme dans tous les pays neufs, jusqu'à ces dernières années, l'agriculture chilienne ne faisait usage d'aucun engrais ou amendement pour l'amélioration de ses terres, en dehors de l'irrigation.

Partout où l'irrigation est pratiquée avec des eaux riches, on comprend sans peine l'inutilité des engrais et amendements; mais dans tous les autres cas, quelles que soient la richesse du sol et les conditions climatériques, après une série de cultures épuisantes, il arrive forcément un moment où les récoltes diminuent. Pour maintenir les rendements, on est obligé de restituer au sol les éléments qui lui manquent par l'application des engrais et amendements. C'est ce qui est arrivé au Chili pour les terrains non arrosés avec des eaux limoneuses.

Dans ce pays où les animaux vivent au pâturage, on ne produit pas de fumier de ferme, il faut donc avoir recours à d'autres engrais. Depuis quelques années, on commence à employer en grand le guano et le salpêtre, provenant de la région désertique du Nord, et qui sont mis à la disposition des agriculteurs à des prix très modiques.

Irrigations. — Comme nous l'avons dit plus haut, sous les climats lumineux et secs, l'arrosage artificiel est le grand levier de l'agriculture. Les agriculteurs chiliens l'ont parfaitement compris, et l'irrigation est admirablement entendue dans ce pays. Moyennant des travaux immenses et souvent très coûteux, les eaux des fleuves sont employées à arroser une très grande partie des vallées et des plaines. La direction de superficie des terrains agricoles se prête parfaitement à cette opération. La répartition convenable des cours d'eau sur une grande étendue du territoire, traversant le pays de l'Est à l'Ouest suivant la plus grande pente, la qualité des eaux, la nature du sol et celle du sous-sol, qui est presque partout perméable, sont des circonstances naturelles tout à fait favorables à l'établissement des arrosages artificiels au Chili. Enfin la fonte des neiges, qui alimente les fleuves, ayant lieu au moment même où la nécessité de l'eau se fait le plus sentir, complète l'ensemble des conditions si admirables où se trouve le Chili, pour tirer tout le parti possible des bienfaits de l'irrigation.

Les irrigations sont pratiquées aujourd'hui depuis l'extrême Nord du pays jusqu'au 39° de latitude; quinze provinces ont leurs plaines et leurs vallées entièrement irriguées.

Quarante rivières principales fournissent l'eau d'arrosage.

Plus de quatre cents grands canaux partent de ces rivières et distribuent leurs eaux dans les plaines, les vallées et jusque sur les flancs des montagnes.

Il y a également quelques réservoirs artificiels très importants.

Plusieurs provinces du Nord et du centre sont arrivées à l'extrême limite en matière d'irrigation; toute l'eau des rivières est prise par les canaux, et leurs lits restent à sec pendant la période des arrosages

Dans beaucoup de cas, les irrigations des terrains supérieurs forment des infiltrations qui se réunissent dans le lit des rivières, et les reforment vers le milieu de la vallée centrale ou au commencement de la zone de la côte. Ces eaux sont reprises de nouveau et servent à irriguer les terrains des vallées secondaires de la zone de la côte, qui occupent un niveau inférieur.

La surface totale arrosée dans tout le territoire du Chili est d'environ *deux millions d'hectares.*

L'eau d'arrosage est évaluée par *regadores.* Un *regador* est un débit d'eau de 15 *litres* par seconde.

Un *regador* est considéré comme suffisant pour arroser *10 à 15 hectares.*

En moyenne, chaque arrosage est d'environ 500 mètres cubes par hectare, et on irrigue tous les six, huit dix ou douze jours, suivant les terrains, les cultures et les régions. L'arrosage se pratique toute l'année dans le Nord, et seulement pendant six à huit mois dans la région centrale.

Dans le Nord et le centre Nord, on emploie beaucoup moins d'eau pour chaque arrosage que dans le centre Sud et le Sud.

Tous les canaux d'irrigation, au Chili, appartiennent aux propriétaires des terrains arrosés. Ils les font construire et les entretiennent à leurs frais. L'État n'intervient point dans ces sortes de travaux et ne garantit jamais l'intérêt des capitaux engagés.

Drainage et assainissement. — Dans la région centrale, par suite des irrigations des terrains supérieurs, il s'est formé, dans les parties basses, de nombreux marais. Les grandes pluies du Sud déterminent aussi des marécages dans cette région.

Dans ces derniers temps, beaucoup de terrains humides ont été drainés et sont devenus ainsi des terrains agricoles de première qualité. Actuellement de grands travaux d'assainissement se poursuivent sur différents points du territoire, et il y a lieu de croire que ce mouvement continuera, au grand profit de l'agriculture.

Machines et instruments agricoles. — Jusqu'à ces derniers temps, l'agriculture chilienne avait été exclusivement extensive, et ses deux principales industries consistaient dans la culture en grand des céréales et l'élevage des animaux en plein air, sans l'intervention des soins immédiats de l'homme.

Comme il était naturel dans de telles conditions, les machines et instruments agricoles employés étaient primitifs, peu variés et leur importance assez secondaire.

Mais, depuis quinze ou vingt ans, d'immenses progrès se sont réalisés dans toutes les branches de production du pays et surtout dans son agriculture. Cette industrie, abandonnant ses anciens procédés culturaux, devient chaque jour plus intensive, principalement dans les régions soumises à l'arrosage artificiel.

La culture des plantes sarclées, celle des plantes industrielles, la viticulture surtout, l'industrie du foin pressé, la fabrication du beurre, des fromages, etc., se sont développées d'une façon surprenante, et tout fait prévoir que cet essor s'accentuera encore davantage avec le temps.

Aussi, les machines agricoles spéciales et les instruments appropriés à ces nouvelles cultures sont devenus nécessaires et se sont répandus rapidement dans tout le pays.

La Société nationale d'agriculture de Santiago, par les concours et expositions qu'elle a organisés, et l'Institut agricole de la *Quinta Normal* par son enseignement, ont puissamment contribué au remplacement de l'ancien outillage agricole chilien, par les machines les plus perfectionnées et les mieux appropriées aux besoins du pays.

Actuellement les moteurs hydrauliques et à vapeur, les charrues perfectionnées, les semoirs mécaniques, les houes à cheval, les faucheuses, les râteaux à cheval, les moissonneuses lieuses et non lieuses, les batteuses à petit et à grand travail, les tarares, les trieurs, etc., se trouvent dans toutes les fermes d'une certaine importance; l'outillage des industries agricoles est également très parfait.

Une grande partie de ces machines et instruments est fournie par l'Angleterre et les États-Unis. Depuis quelques années seulement, les machines et outils français commencent à se répandre et sont très appréciés.

La propriété agricole, sa constitution. — *Constructions rurales. — Clôtures.* — La propriété foncière au Chili est divisée en grande, moyenne et petite exploitation.

Les petites fermes (*chacras, quintas*), dont l'étendue ne dépasse pas 100 hectares, dominent dans un rayon plus ou moins vaste, autour des grands centres de population et dans plusieurs riches vallées très peuplées.

Les grandes exploitations (*haciendas*), qui ont quelquefois une étendue de plus de 10 000 hectares, se rencontrent surtout dans la région montagneuse de la

Cordillère des Andes, dans celle de la côte et dans le Sud.

Les exploitations moyennes (*hijuelas*), c'est-à-dire celles qui résultent de la division des grandes fermes, se multiplient de plus en plus, depuis l'abolition du majorat, et sont un terme moyen entre les grandes et les petites propriétés.

A mesure que le progrès agricole s'accentue, que les terrains augmentent de valeur, que les communications se multiplient et s'améliorent, que les capitaux deviennent plus abondants, etc., la propriété foncière se divise et se subdivise au grand avantage du pays entier; car le plus souvent, le seul fait de la division judicieuse d'une grande ferme en décuple le revenu et en augmente proportionnellement la valeur.

Dans un avenir plus ou moins prochain, suivant la loi économique de la vraie spécialisation des productions (qui est le but final du progrès agricole), les environs de tous les centres de population, les vallées et les plaines irriguées et les autres terres riches seront occupés par la moyenne et la petite culture, et le reste du territoire, moins fertile et se prêtant moins aux spéculations industrielles, restera le partage de la grande culture.

Les animaux domestiques vivant constamment en plein air dans les pâturages et n'ayant pas de gardiens spéciaux, les champs sont toujours clos par des murs en torchis, des haies vives, des fossés et des talus. Depuis quelques années, on emploie beaucoup les ronces artificielles pour la subdivision des champs.

Les habitations agricoles des propriétaires et des fermiers sont actuellement à la hauteur de la situation agricole du pays.

Pour le logement des ouvriers agricoles et des animaux, il y a encore de grands progrès à réaliser.

Exploitation du sol. *Propriétaires, fermiers, maîtres-valets (inquilinos), ouvriers agricoles.* — L'exploitation des propriétés foncières est le plus souvent faite par les propriétaires eux-mêmes, qui vivent constamment, ou tout au moins une bonne partie de l'année à la campagne. Le goût des champs est très développé dans la classe élevée, et il est de règle générale que les fils des propriétaires terriens se fassent agriculteurs et administrent eux-mêmes leurs biens ruraux. Les grandes et solides fortunes du pays appartiennent à l'agriculture.

Les autres exploitations, qui ne sont pas dirigées par leurs propriétaires, se louent à des fermiers pour une période généralement très courte, ce qui est une mauvaise condition pour le cultivateur et pour le propriétaire.

Les travailleurs agricoles chiliens, considérés comme les meilleurs ouvriers de l'Amérique du Sud, sont recherchés par toutes les entreprises industrielles de la côte du Pacifique ; ils forment deux classes, les *inquilinos*, espèce de maîtres-valets, et les *peones* ou ouvriers journaliers ordinaires.

Par suite de la dernière guerre avec le Pérou, de l'extension du territoire chilien au Nord et de la prise de possession de l'Araucanie au Sud, par suite des grands travaux maritimes, de la construction des chemins de fer, etc., et enfin, en raison des rapides progrès des industries locales, la main-d'œuvre des travaux des champs devient de plus en plus rare et coûteuse. Les ouvriers spéciaux pour les industries agricoles végétales et animales font surtout défaut au Chili, ce qui est un signe évident du progrès que fait le pays, et, en même temps, une circonstance très favorable pour les émigrants européens, qui sont sûrs de rencontrer de bonnes situations dès leur arrivée.

Les ouvriers agricoles sont toujours nourris par ceux qui les emploient; leur alimentation consiste presque uniquement en pain et haricots. Ils ne boivent pas de vin et ne mangent pas de viande, et cependant ils jouissent d'une excellente santé, sont robustes, forts et développent une somme énorme de travail. Le prix de la journée varie suivant les localités et suivant les saisons. Aux environs de Santiago, il est de 3 à 5 francs par jour à l'époque des moissons, et 2 à 3 francs pendant l'hiver.

Charges imposées à la propriété rurale : *contribution agricole, système douanier du pays*. — L'unique charge que supporte la propriété foncière au Chili est l'impôt agricole, dont la taxe était autrefois du dixième du revenu ou du loyer. Aujourd'hui cet impôt est une somme fixe, qui se répartit proportionnellement entre toutes les propriétés rurales de la République. La quote-part que doit payer chacune d'elles est bien inférieure au dixième du revenu.

Le système douanier est établi en vue de favoriser autant que possible les industries nationales, et particulièrement l'agriculture.

Tout récemment, on a voté l'entrée libre dans le pays des instruments et machines agricoles et viticoles.

Voies de communication : *routes ordinaires, chemins de fer*. — Les routes ou chemins ordinaires sont assez nombreux, mais laissent à désirer. Le manque de matériaux propres à leur réparation et leur extension considérable rendent leur entretien coûteux, et les propriétaires ne comprennent pas suffisamment l'importance d'une bonne viabilité. Par contre, les chemins de fer se multiplient rapidement; bientôt le pays entier sera parcouru dans tous les sens par les voies ferrées, au grand profit de l'agriculture qui, jusqu'à ces derniers temps, a été privée de moyens de communication rapides et à bon marché.

Débouchés intérieurs et extérieurs. — La population du Chili étant très faible, eu égard à la production agricole, la consommation intérieure est forcément réduite. Mais la situation géographique de ce pays et la nature même de ses produits agricoles sont très favorables à l'exportation.

Le Chili fournit toute la côte du Pacifique jusqu'à Panama : ses grains, ses légumes, ses fruits, ses vins, ses animaux et leurs produits trouvent là un grand marché et des débouchés assurés. Les nombreuses mines du Chili et celles des pays voisins sont aussi des consommateurs importants. Enfin, le surplus s'exporte en Europe.

Système de culture. — Jusqu'à ces derniers temps, la majeure partie de l'agriculture chilienne était encore dans la période extensive, c'est-à-dire que le temps et l'étendue étaient les principaux facteurs de la production agricole. Mais aujourd'hui le rôle de l'intelligence et du travail de l'homme associé au capital prend une large place dans les exploitations rurales; l'agriculture intensive s'avance à grands pas et occupe déjà toutes les vallées et les plaines irriguées. Cependant, la culture par le temps et par l'espace aura toujours sa raison d'être au Chili. Dans les régions montagneuses de la Cordillère des Andes, dans celles de la côte et même sur beaucoup de points dans le

Sud, les conditions naturelles et économiques commandent la spécialisation bien marquée des productions agricoles.

Dans les vallées et les plaines irriguées, la culture industrielle et toutes les spéculations animales; dans les contrées montagneuses et dans le Sud, la culture extensive et l'élevage des animaux domestiques.

Valeur de la propriété agricole. — Elle est très variable suivant les localités, la nature du sol et les améliorations foncières qui ont été faites.

Dans le Sud, les terrains non bâtis et sans clôtures, de qualité ordinaire, valent de 5 à 100 piastres [1] l'hectare.

Les terrains arrosés du centre, sans clôtures ni constructions, se vendent de 300 à 1 000, et même 1 500 piastres l'hectare, suivant les circonstances.

Les vignes françaises en bon état trouvent acquéreur au prix de 3 000 à 6 000 piastres l'hectare, suivant les localités.

Le taux de l'intérêt des capitaux fonciers agricoles est généralement calculé de 6 à 8 pour 100.

Administration de l'agriculture. — Tout ce qui a trait à l'agriculture au Chili ressortit au Ministère de l'Industrie et des Travaux publics.

A ce Ministère il existe une section d'agriculture qui a à sa charge :

    L'Enseignement agricole,
    L'Encouragement à l'agriculture,
    La Statistique agricole,
    Les Sociétés agricoles,
    Les Forêts de l'État.

---

1. La piastre est considérée valoir 3 francs.

Enseignement agricole. — Le Chili qui, parmi les Républiques sud-américaines, s'est toujours fait remarquer par sa sagesse et sa prévoyance, à peine constitué et libre, s'est occupé, avec une activité et une constance remarquables, d'implanter l'enseignement agricole, afin d'imprimer une marche sûre et éclairée à son agriculture. Après diverses tentatives plus ou moins heureuses, aidé par la Société nationale d'agriculture, le gouvernement du Chili a pu organiser d'une façon définitive l'enseignement agricole, tel qu'il existe aujourd'hui.

A sa tête est placé un conseil d'enseignement technique qui a la haute surveillance des établissements d'instruction agricole. Ces établissements sont les suivants :

L'Institut agricole de la *Quinta Normal* (Santiago);

La Station agronomique de la *Quinta Normal* (Santiago);

L'École pratique d'agriculture de la *Quinta Normal* (Santiago);

L'École pratique d'agriculture de Talca;

L'École pratique d'agriculture de Concepcion, possédant un laboratoire agronomique;

L'École spéciale de laiterie et d'arboriculture de San Fernando;

Les Écoles d'horticulture et d'arboriculture d'Elqui et de Choapa;

L'École pratique d'agriculture de Chillan.

L'Enseignement supérieur de l'agriculture, qui est représenté par l'Institut agricole de la *Quinta Normal*, compte de 80 à 100 élèves externes.

Les Écoles pratiques et spéciales possèdent 250 élèves internes.

Sociétés agricoles. — L'esprit d'initiative privée est assez développé au Chili, et depuis longtemps déjà les agriculteurs ont cherché à se réunir en société dans le but de soutenir leurs intérêts et d'aider au progrès agricole.

Il existe actuellement :

La Société nationale d'agriculture de Santiago dont la fondation date de 1869.

Avant elle deux autres sociétés analogues, sous des noms différents, s'étaient formées, l'une en 1838 et l'autre en 1857 ;

La Société agricole du Sud, dont le siège est à Concepcion et qui a une dizaine d'années d'existence ;

La Société agricole de Talca, de plus récente formation.

Il y a aussi, à Santiago, une Société hippique qui est en pleine prospérité.

Il en existe d'autres à Talca et à Chillan.

Expositions et concours agricoles. — Sous les auspices de la Société nationale d'agriculture de Santiago, il se fait tous les ans, à la *Quinta Normal*, dans des locaux spéciaux construits à cet effet, des expositions agricoles et des concours d'animaux domestiques.

Ces fêtes agricoles sont très suivies par les agriculteurs et contribuent puissamment à l'avancement de l'agriculture.

La Société agricole de Concepcion fait aussi des concours dans sa région.

Ouvrages et publications agricoles. — Les principales publications agricoles faites au Chili sont :

Bulletin bi-mensuel de la Société nationale d'agriculture de Santiago.   20 tomes.
Cours d'agriculture.   2 prem. t., par René-F. Le Feuvre.
Viticulture et vinification.   2 tomes   »   »

Oïdium Tuckeri de la vigne.	1 brochure, par René-F. Le Feuvre.
Anthracnose de la vigne.	1 brochure » »
Les Guanos et le Salpêtre.	1 brochure » »
Culture du tabac au Chili.	1 brochure » »
La Quinta Normal de agricultura.	1 tome » »
Cours de zootechnie.	3 prem. tomes, par Jules Besnard.
Le Charbon.	1 brochure » »
La Phtisie, la fièvre aphteuse, le choléra des poules.	1 brochure » »
La Gourme, la cachexie aqueuse, le tournis, etc.	1 brochure » »
La Lèpre et la trichinose.	1 brochure » »
Analyse des Guanos et salpêtre.	1 br., par L. Zegers et A. Yanez.
Cours de topographie. 1re partie.	1 volume, par M. H. Concha.
Physiologie végétale.	1 brochure, par F. Philippi.
Insectes nuisibles à l'agriculture.	1 brochure » »
Le Principal, mémoire agricole.	1 vol., par Salvador Izquierdo.
Fabrication du beurre.	1 broch., » »
La Esmeralda, mémoire agricole.	1 volume, par Aurelio Fernandez.
Rapport sur l'organisation des écoles d'agriculture au Chili.	1 brochure, par Maximo Jeria.
Cours d'arboriculture de M. du Breuil, traduit et adapté au climat du Chili.	2 tomes.
Cours d'agriculture et d'économie rurale.	2 tomes, par J.-S. Tornero.
Leçons d'agriculture et de zootechnie.	2 tomes, par M.B. Sanchez.

AGRICULTURE SPÉCIALE

CULTURES SPÉCIALES

La diversité du climat du Chili, ainsi que celle de la nature de son sol, permettent la culture de toutes les plantes agricoles propres aux régions tempérées.

Les principales sont les suivantes :

CÉRÉALES

Les céréales jouent le principal rôle dans l'agriculture chilienne. Elles ont figuré à plusieurs expositions internationales, et chaque fois elles ont été très remarquées par leur qualité et ont obtenu les plus hautes récompenses.

A l'Exposition universelle de 1889 à Paris, on leur a décerné :

> 4 médailles d'or,
> 5 — d'argent,
> 6 — de bronze,
> 7 mentions honorables.

Les plus importantes sont le blé, l'orge, le maïs, le seigle et l'avoine.

Blé. — Le blé se cultive au Chili pour les besoins de la consommation des habitants du pays et pour l'exportation. La culture de cette céréale est la plus importante et se fait dans deux conditions bien distinctes : sur les terrains irrigués et sur ceux non soumis à l'irrigation.

Les blés arrosés se trouvent dans les vallées et les plaines des régions du Nord et du centre, et succèdent généralement aux plantes sarclées, qui se cultivent en grand dans ces conditions.

Ceux non irrigués se cultivent sur les versants des collines et des petites montagnes, les coteaux, les plateaux situés au pied de la grande chaîne des Andes, sur toute la zone de la côte et dans les plaines du Sud.

La préparation du terrain pour ces blés non irrigués (appelés blés de *rulo*) se fait par la jachère (*barbecho*) qui a lieu pendant l'été qui précède la semaille.

Les variétés de blé cultivées dans les terrains arrosés sont le plus souvent celles à grain dur; on y sème aussi, dans le centre et centre Sud, des blés tendres.

Dans les terrains non irrigués, on ne cultive que les variétés à grain tendre.

Les variétés les plus connues au Chili sont :

Blés durs à grain rond, blés durs à grain long et blés durs à grain moyen;

Blé blanc du Chili (*Mocho*);

Blé Orégon;

Blé de la Nouvelle-Hollande;

Blé de Flandre et quelques autres variétés nouvelles.

Dans l'une comme dans l'autre condition, la culture se fait simplement et d'une façon économique. Partout, aujourd'hui, on emploie les machines et instruments mécaniques perfectionnés, aussi bien pour la semaille que pour la récolte et le battage.

Le rendement varie de 10 à 16 hectolitres par hectare pour les sols non irrigués; il est de 20 à 30 pour ceux arrosés.

En 1888, la production totale de blé au Chili a été d'environ 10 millions d'hectolitres.

Les diverses sortes de blés récoltés sont de première qualité; s'ils ne sont pas toujours classés au premier rang sur les marchés européens, cela tient uniquement à ce qu'ils sont vendus insuffisamment nettoyés.

L'exportation du blé a été en 1888 de plus de 3 millions d'hectolitres.

Orge. — Après le froment, la céréale la plus importante, au Chili, c'est l'orge, qui se cultive depuis le nord jusqu'à l'extrême sud de la République.

Le grain de cette plante est principalement employé à la fabrication de la bière, dont la consommation augmente chaque jour dans le pays. L'orge sert aussi à l'alimentation des chevaux et des mules dans le centre et le Nord. Enfin, depuis quelques années, l'exportation de l'orge se fait sur une grande échelle.

La culture de l'orge a lieu le plus souvent dans les terrains non irrigués.

Les variétés les plus connues sont l'orge commune, l'orge précoce et l'orge Chevallier. Cette dernière est surtout employée par la brasserie chilienne et est très estimée pour l'exportation.

Les produits sont abondants et de première qualité.

Les rendements atteignent souvent 30 à 40 hectolitres à l'hectare.

En 1888, la production totale de l'orge, au Chili, a été de plus de 2 millions d'hectolitres.

Maïs. — Le maïs est généralement cultivé comme plante sarclée, seul ou associé avec les haricots auxquels il sert de support.

Sa culture s'étend depuis l'extrême Nord jusqu'au Bio-Bio, limite sud de la région du centre.

Les variétés de maïs cultivées au Chili sont très nombreuses et varient suivant l'usage que l'on doit faire de la récolte. Les plus estimées sont : le maïs *curagua*, le maïs *morocho*, le maïs blanc, jaune, du Pérou, sucré, etc.

Les produits de cette plante sont toujours très abondants et d'excellente qualité.

La consommation du maïs est considérable au Chili. Cet aliment est très apprécié par toutes les classes de la société.

Il est consommé à l'état vert sous le nom de *choclo*, à l'état sec, sous forme de farine.

Le grain de maïs sert aussi à l'alimentation des animaux et à l'engraissement des volailles.

Une certaine quantité est distillée ; l'exportation en est très réduite.

La récolte annuelle atteint près de 2 millions d'hectolitres.

Les spathes, ou enveloppes florales du maïs, remplacent le papier pour la fabrication des cigarettes ; elles sont aussi employées pour la fabrication des paillasses.

Avoine. — La région du Sud est très propice à la culture de cette céréale, qui commence à s'y cultiver en grand depuis quelques années.

Seigle. — Le seigle est peu connu au Chili, cependant le peu d'exigence de cette céréale, sous le rapport du climat et du sol, permettrait sa culture dans beaucoup de terrains improductifs jusqu'à présent.

PLANTES SARCLÉES, FARINACÉES, ET PLANTES LÉGUMES

Cette catégorie de plantes a une grande importance au Chili; sa culture constitue une industrie spéciale. Elle est entreprise presque uniquement par les travailleurs agricoles qui ont la main-d'œuvre à leur disposition; les produits de ces plantes forment, avec le pain, la base de leur alimentation. Les plus cultivées sont les suivantes :

Haricots. — La culture de cette plante se fait en grand dans les terrains arrosés du Nord et du centre.

Les variétés cultivées sont très nombreuses. Celles à rame sont peu connues; les haricots nains et demi-nains dominent. Les variétés les plus estimées sont : *caballero*, *coscorrones*, *manteca* et *bayo*.

Pour la consommation en vert, on cultive aussi les variétés européennes.

Les rendements sont considérables, et le haricot chilien est de qualité supérieure.

La majeure partie des produits est consommée dans le pays; une petite quantité s'exporte en Europe.

La production annuelle atteint près de 500 000 hectolitres.

Pois, lentilles, fèves, pois chiches, sarrasin. — Les pois et les lentilles sont des cultures d'hiver de la région du Sud et de la zone de la côte dans la région centrale.

Ces cultures se font sur les terrains frais et riches des vallées sans le secours de l'irrigation.

Les produits sont généralement abondants et d'excellente qualité.

Les pois sont consommés dans le pays, mais les len-

tilles s'exportent beaucoup et jouissent en Europe d'une
grande réputation.

Les fèves et les pois chiches ont moins d'importance
et sont considérés comme légumes.

Le sarrasin, récemment introduit au Chili, s'y produit merveilleusement dans toutes les régions irriguées
ou non.

Dans le centre et dans le Nord, à l'aide de l'arrosage,
on peut faire jusqu'à deux récoltes par an.

La collection de haricots, pois, lentilles, fèves et pois
chiches, qui a figuré à l'Exposition universelle de 1889
à Paris, a été très appréciée.

Le Jury lui a décerné plusieurs médailles.

Pomme de terre. — La pomme de terre, originaire,
comme l'on sait de la Cordillère andine, où on la ren-
contre à l'état sauvage sur plusieurs points du Chili, est
l'objet d'une spéculation très grande dans tout le territoire de la République et particulièrement dans le centre
et le Sud. A Chiloé, elle est la base principale de l'alimentation des habitants.

De nombreuses variétés indigènes sont cultivées et
donnent toutes d'abondants produits.

La qualité laisse un peu à désirer pour les pommes de
terre récoltées dans les riches terres irriguées du Nord
et du centre; mais dans les terrains sableux de la côte et
du Sud, ainsi que dans les terrains volcaniques de la
Cordillère des Andes, les tubercules sont délicieux.

L'irrigation est une condition défavorable à la qualité
des pommes de terre.

La terrible maladie (*peronospora infestans*), qui a dé-
vasté durant tant d'années cette précieuse plante en
Europe, ne s'est jamais montrée au Chili.

La floraison s'y fait toujours normalement, et la multiplication par graines serait des plus faciles pour la formation de nouvelles variétés.

La quantité récoltée annuellement approche de 2 millions d'hectolitres. Une grande partie est consommée dans le pays, et le reste s'exporte sur toute la côte du Pacifique.

Patate, topinambour, betterave, carotte, navet, chou, melon, pastèque, giraumon (*zapallo*), **oignon, tomate, piment.** — La patate est cultivée seulement dans quelques vallées de la région du Nord, où elle donne de bons résultats.

Le topinambour, récemment introduit au Chili, vient très bien sur toute l'étendue du territoire, et est appelé à rendre de grands services à l'agriculture chilienne comme plante légume et surtout comme plante fourragère.

Les autres plantes potagères sont cultivées en grand partout et leurs produits jouent un rôle important dans l'alimentation des habitants de la campagne.

De grandes quantités de ces produits sont exportées sur la côte du Pacifique et jusqu'à Panama.

PLANTES FOURRAGÈRES

Les industries zootechniques étant très développées au Chili, les plantes fourragères qui en forment la base ont forcément une grande importance.

Luzerne, trèfle violet, trèfle blanc, ray-grass. — **Prairies temporaires.** — Dans les parties arrosées des régions du Nord et du centre, les prairies temporaires composées de luzerne, de trèfle violet ou de ray-grass forment la principale base de l'alimentation du bétail.

Les luzernières dominent dans le Nord et une partie de la région centrale. Les prairies formées de trèfle et de ray-grass se trouvent surtout dans le centre Sud et dans le Sud.

Toutes ces plantes fourragères, quand elles sont placées dans des conditions convenables, produisent énormément.

Généralement les produits sont consommés sur place par les animaux qui vivent en plein air dans ces prairies.

Les meilleures luzernières et les tréflières servent principalement à l'engraissement des bœufs et aux vaches laitières. Les autres prairies sont réservées aux animaux d'élevage et aux animaux de travail.

Dans ces derniers temps, l'industrie du foin pressé a pris un grand développement au Chili. C'est généralement le foin de luzerne que l'on préfère. Ce produit est l'objet d'une grande exportation pour les mines et pour toute la côte du Pacifique.

Fourrages annuels : *maïs, orge, avoine.* — Le maïs fourrage pour la consommation en vert ou pour l'ensilage est actuellement cultivé sur une grande échelle au Chili, dans la région centrale principalement.

Autour des grandes villes on cultive l'orge et l'avoine pour alimenter les chevaux durant l'hiver. Ces fourrages verts remplacent la luzerne et le trèfle qui ne sont abondants que durant l'été.

Prairies naturelles. — Herbages des montagnes. — Les prairies naturelles ou permanentes sont peu nombreuses au Chili, elles existent seulement dans quelques parties de la région du Sud. Il n'en est pas de même des pâturages des montagnes qui occupent d'immenses étendues dans la chaîne des Andes et sur la Cordillère de la côte. On distingue les pâturages d'été et ceux d'hiver.

Les premiers sont situés à une grande altitude et se couvrent de neige pendant l'hiver.

Les seconds occupent les vallées basses et abritées où la neige n'arrive jamais.

Plantes racines, betteraves, carottes, navets, etc. — La culture de ces plantes fourragères est encore très restreinte au Chili, mais elle devra prendre une certaine importance plus tard, dans le centre et le Sud, lorsque ces régions seront arrivées au degré de progrès auquel elles peuvent atteindre.

PLANTES INDUSTRIELLES

Aucun pays ne se prête mieux que le Chili à la culture des plantes industrielles propres au climat tempéré.

Si ces plantes n'ont pas encore atteint le degré d'importance qu'elles devraient avoir, cela tient à des circonstances économiques qui se modifient tous les jours. Mais bientôt la culture industrielle s'imposera par la force même des choses dans toutes les vallées et plaines arrosées du Nord et du centre du Chili.

Les principales plantes industrielles se cultivant actuellement au Chili sont : la betterave à sucre, le chanvre, le lin, le tabac, le colza, le sorgho, le houblon.

La betterave saccharine est cultivée pour fournir aux besoins de deux sucreries récemment établies dans la région centrale. Cette nouvelle industrie est protégée d'une façon efficace, et il y a place pour un grand nombre de fabriques, car le pays est grand consommateur de sucre.

Le chanvre cultivé dans le Nord et le centre donne des produits supérieurs. La corderie est très florissante au Chili.

Le lin est principalement cultivé comme plante granifère, mais il pourrait produire d'excellentes fibres, si sa culture était faite dans ce but.

La graine de lin sert à la fabrication de l'huile qui est très recherchée au Chili pour la peinture.

Cette graine est aussi l'objet d'une exportation ayant une certaine importance.

Le tabac, le colza et le sorgho à balais sont aussi cultivés dans les principales régions agricoles du pays. Leurs produits sont transformés et consommés sur place, et ne donnent lieu à aucune exportation.

Tous ces produits ont figuré à l'Exposition universelle de 1889 à Paris, et ont obtenu diverses récompenses.

Le houblon, à peine connu au Chili, formera plus tard une culture industrielle importante. L'échantillon présenté à l'Exposition de Paris a obtenu un prix.

VITICULTURE

VINS — EAUX-DE-VIE — LIQUEURS

La vigne est cultivée depuis longtemps dans le pays. Elle y fut introduite par les Espagnols immédiatement après leur arrivée dans cette contrée; mais la viticulture chilienne n'a pris d'importance réelle que depuis un quart de siècle, à la suite de l'introduction des cépages français et des méthodes culturales modernes.

Le Chili présente des conditions exceptionnellement favorables à l'industrie viticole, et ce pays est appelé à devenir promptement un grand producteur d'excellents vins de toutes sortes.

Les vignobles s'étendent depuis l'extrême Nord jusqu'au 39e degré de latitude Sud. On distingue deux régions viticoles bien différentes : les vignes arrosées et les vignes des terrains non irrigués. Les premières se trouvent dans les plaines et les vallées des régions du Nord et du centre ; les secondes occupent les plateaux peu élevés et les coteaux de la zone de la côte, dans la région du Sud seulement. Les vignes arrosées sont palissées sur fils de fer, soutenus par des poteaux en bois, et soumises à la taille longue ; les autres sont à tiges basses sans soutien et taillées court.

Dans chacune de ces régions viticoles, il y a les vignes appelées *anciennes* ou *du pays*, qui se composent de plants espagnols, et les vignes nouvelles appelées *vignes françaises*, formées des principaux cépages fins du Bordelais et de la Bourgogne.

Les vignobles nommés *français* sont généralement bien plantés, cultivés avec soin, et beaucoup d'entre eux peuvent supporter la comparaison avec les meilleures vignes européennes.

La vinification et le travail des vins dans les caves n'ont pas encore atteint le degré de perfection auquel est arrivée la viticulture.

Sous ce rapport, il y a de grands progrès à réaliser. Les viticulteurs européens et les grands négociants de vins trouveraient au Chili un vaste champ pour exercer leurs industries.

L'étendue totale du vignoble chilien est actuellement de près de 100 000 hectares, en comptant les nouvelles plantations des dernières années, qui ne produisent pas encore.

Si la création de nouveaux vignobles suit le mouvement progressif qui se note depuis quelque temps dans le pays, en peu d'années l'étendue totale arrivera à 500 000 hectares. Mais ce sera bien peu encore, car le Chili possède plus de 3 000 000 d'hectares propres à la culture de la vigne. Les seules maladies observées jusqu'à présent dans les vignobles du Chili sont : l'oïdium, l'érinose et l'anthracnose.

Les produits par hectare sont de 40 à 60 hectolitres pour les vignobles non arrosés, et de 80 à 120 hectolitres pour ceux soumis à l'irrigation ; c'est un rendement bien supérieur à celui des vignes européennes, et cependant les frais culturaux sont moins élevés.

La production des vins de toutes sortes a été, en 1888, de plus de 2 000 000 d'hectolitres.

Les principaux vins sont : vins de table rouges et blancs, vins liquoreux, blancs et rosés, et les vins cuits.

Jusqu'à présent, presque tous ces vins se consomment dans le pays, l'exportation est encore peu développée ; elle se fait principalement au Pérou, en Bolivie et sur toute la côte du Pacifique, jusqu'à Panama.

Les vins chiliens ont figuré aux Expositions de Bordeaux, Liverpool, Barcelone et Paris, où ils ont obtenu les récompenses suivantes :

Exposition de Bordeaux (1884) :

Un diplôme d'honneur pour le groupe ;

4 médailles d'or ;

7 médailles d'argent ;

3 médailles de bronze ;

4 mentions honorables.

Exposition de Liverpool (1886) :

13 médailles d'or ;
11 médailles d'argent ;
6 médailles de bronze ;
2 mentions honorables.

Exposition universelle de 1889 (Paris).
Sur 43 exposants, il y a eu :
41 récompenses, dont un grand prix ;
7 médailles d'or ;
24 médailles d'argent ;
8 médailles de bronze ;
1 mention honorable.

Actuellement, les cours auxquels se vendent les vins chiliens dans le pays sont les suivants :

Vins nouveaux de l'année, en fûts, de bonne qualité, de 10 à 15 piastres [1] l'hectolitre.

Vins vieux, en bouteilles, bonne qualité, de 6 à 8 piastres la caisse de 12 bouteilles.

Les vins de qualité supérieure se vendent, la caisse de 12 bouteilles, de 10 à 15 piastres.

Plusieurs échantillons de vins courants, bonne qualité, de l'année, ont été vendus à Bordeaux, en décembre 1888, 700, 800 et 900 francs le tonneau.

Frais d'établissement des vignobles au Chili. — Ils sont assez élevés et varient suivant les localités.

Pour les vignes arrosées, on compte de 800 à 1 000 piastres par hectare et, pour celles non irriguées, de 300 à 500 piastres.

A cela, il faut ajouter le terrain dont la valeur varie de

1. La piastre vaut de 2 fr. 50 à 3 fr., suivant le cours du change.

300 à 600 piastres l'hectare pour les vignes soumises à l'irrigation, et de 200 à 300 piastres pour celles non arrosées.

Frais culturaux annuels. — Une bonne culture pour les vignobles arrosés coûte de 300 à 500 piastres par hectare, et de 200 à 300 piastres pour les vignobles non irrigués.

Dans la région viticole du Nord et dans celle du Sud, on distille des vins musqués qui donnent une eau-de-vie spéciale appelée *pisco* et qui jouit d'une certaine renommée.

On distille aussi des vins ordinaires ; mais, en général, on emploie des procédés trop imparfaits pour obtenir tous les résultats possibles. Les vins chiliens sont assez riches en alcool, et celui de la Folle-Blanche (qui produit le cognac) est particulièrement remarquable. En étendant la culture de ce cépage qui produit énormément au Chili, on aurait bientôt une base sérieuse pour la fabrication des eaux-de-vie de bonne qualité.

Les eaux-de-vie présentées à l'Exposition universelle de 1889 à Paris ont obtenu :

> 2 médailles d'or ;
> 8   —   d'argent ;
> 7   —   de bronze ;
> 1 mention honorable.

La fabrication des liqueurs est encore peu développée ; cependant les débouchés ne manquent point et on y trouve tous les éléments nécessaires à cette industrie.

Les liqueurs exhibées à l'Exposition universelle de 1889 à Paris ont obtenu : 2 médailles d'or ;

> 1   —   d'argent ;
> 4 mentions honorables.

HORTICULTURE

Plantes potagères. — Dans les pays à climat lumineux, les légumes et toutes les plantes alimentaires ont une importance marquée. C'est ce qui a lieu au Chili. Outre les légumes cultivés en grand comme plantes sarclées dans les *chacras*, les plantes potagères sont aussi l'objet de cultures spéciales dans les jardins maraîchers et les jardins fruitiers.

La plupart des légumes d'Europe sont connus au Chili.

La *Quinta Normal de Agricultura* de Santiago a fait beaucoup pour la propagation dans le pays des meilleures espèces et variétés.

La culture des artichauts et surtout celle des asperges constituent actuellement des industries très lucratives pour ceux qui s'y livrent avec intelligence.

Fleurs. — Le goût des fleurs est aujourd'hui très répandu au Chili. On y cultive avec succès les principales espèces et variétés connues en Europe.

ARBORICULTURE

Arbres et arbustes forestiers et d'ornement. — Au Chili, comme dans tous les pays nouveaux, la conquête des terrains nouveaux pour les besoins de l'agriculture et leur appropriation aux diverses industries rurales ont entraîné la destruction plus ou moins complète des arbres et arbustes indigènes, partout où ils croissaient spontanément, dans les vallées, les plaines et les plateaux, aujourd'hui cultivés.

Les mines ont aussi puissamment contribué au déboisement des montagnes, principalement dans les régions du Nord et du centre.

Cependant, sous un climat aussi lumineux, les bois et les plantations de toutes sortes, convenablement distribués, constituent une nécessité pour l'agriculture qui a besoin d'ombrage pour ses animaux et de bois pour ses constructions.

Enfin d'immenses étendues dans les vallées, les plaines et sur les versants des coteaux, autrefois stériles, sont aujourd'hui fertiles, grâce aux irrigations artificielles et propres, par conséquent, aux plantations arboricoles.

Les clôtures forment actuellement partie du système cultural ; partout où cela est possible, on remplace les murs de terre par des haies vives et des lignes d'arbres.

D'un autre côté, par suite du progrès général, les propriétaires terriens ont été amenés à créer des parcs et jardins autour de leurs habitations de campagne.

Les villes nouvelles et les anciennes qui s'agrandissent chaque jour ont aussi besoin d'arbres pour leurs places et avenues.

Par suite de ces diverses raisons, le Chili s'est trouvé dans des conditions particulières relativement à l'arboriculture et a bientôt cherché à répondre à tous ces besoins. De nombreuses plantations ont été faites par les agriculteurs dans les diverses régions arrosées, et on a cherché à remplacer partout où cela a été possible les anciens bois détruits.

La *Quinta Normal de Agricultura* de Santiago s'est occupée d'une façon toute particulière de la multiplication et propagation des arbres forestiers et d'ornement, dans tout le pays. Malgré les importants résultats obtenus, il reste encore beaucoup à faire sous ce rapport.

Les arbres et arbustes forestiers les plus cultivés au Chili sont les suivants :

Pin maritime et de Californie,
Cyprès,
Casuarina,
Eucalyptus,
Acacia robinia,
Chênes,
Erables,
Frênes,
Genêts,
Marronniers,
Magnoliers,
Orme,
Osier,
Platane,
Peupliers,
Sureaux,
Tulipier,
Acacia melanoxylon,
Ligustrum du Japon,
Sophora,
Tilleul.

Arbres et arbustes économiques. — Parmi les indigènes, il convient de citer les suivants. :

Quillay. L'écorce s'exporte en grande quantité et est connue en Europe sous le nom de Bois de Panama.

Maqui. Cet arbre donne des baies noires tinctoriales, qui s'exportent en Europe pour colorer les vins.

Palmier du Chili. Ses fruits (*coquitos*) sont comestibles, et de sa tige on retire un miel très estimé et de la fibre pour la fabrication du papier.

Algorrobito. Il produit une gousse renfermant en grande abondance une résine fort employée pour la teinture en noir et pour la fabrication de l'encre.

Lingue. Cet arbre donne pour la tannerie une écorce considérée comme supérieure.

Chêne liège. Récemment introduit, il prospère très bien dans le centre et est appelé à jouer un grand rôle plus tard.

Arbres fruitiers. — Bien peu de pays se trouvent dans des conditions aussi favorables que le Chili, pour la production des fruits propres à la région tempérée.

Dans toutes les zones agricoles les arbres fruitiers croissent admirablement et fructifient avec une facilité extraordinaire.

Pour la plupart des fruits, la production annuelle est assez uniforme ; les récoltes sont abondantes tous les ans, et les produits de bonne qualité.

La majeure partie des maladies et accidents climatériques si fréquents ailleurs, et qui détruisent les récoltes ou les diminuent notablement, sont presque inconnus au Chili.

La culture des arbres fruitiers ne présente aucune difficulté, et tous les soins minutieux, absolument nécessaires dans beaucoup de contrées d'Europe, n'ont point leur raison d'être dans ce pays. Cette production est donc économique.

Les habitants sont très amateurs de fruits et en font une grande consommation.

Les mines et les centres miniers de la région du Nord constituent un débouché important, ainsi que toute la côte du Pacifique jusqu'à Panama, qui ne produit pas de fruits des régions tempérées.

Malgré une situation aussi favorable, cette branche de production laisse encore beaucoup à désirer. Quand les agriculteurs comprendront les ressources que leur offre cette industrie, on étendra les plantations fruitières, et le Chili pourra devenir un grand centre d'exportation de fruits frais et conservés.

Dès le début, la *Quinta Normal de Agricultura* de Santiago a compris l'importance de cette question et s'est occupée, d'une façon active, de la multiplication et propagation des meilleures espèces et variétés, qu'elle a fait venir d'Europe.

Les principaux arbres fruitiers cultivés dans les vergers et jardins sont les suivants :

Pommiers,	Amandiers,
Poiriers,	*Lucumos*,
Cognassiers,	Avocatiers,
Grenadiers,	Néfliers de Germanie,
Orangers,	Néfliers du Japon,
Citronniers,	Framboisiers,
Cédratiers,	Groseilliers,
Chirimoyos,	Figuiers,
Pêchers,	Figue de Barbarie,
Pruniers,	Noyers,
Cerisiers,	Châtaigniers,
Abricotiers,	Oliviers.

Les raisins secs du Huasco jouissent d'une grande réputation ; ils sont considérés comme les meilleurs du monde. Les figues sèches, les pruneaux du Chili sont aussi excellents.

A l'Exposition universelle de 1889 à Paris, ces produits ont obtenu plusieurs médailles.

ZOOTECHNIE GÉNÉRALE

Conditions générales de la production animale. — La production animale occupe un rang important dans l'agriculture chilienne. Les industries zootechniques ont toujours été en grande faveur dans le pays.

Les climats des régions agricoles sont des plus favorables aux animaux domestiques, qui peuvent vivre partout en plein air durant une bonne partie de l'année.

Les plaines et les vallées arrosées fournissent d'abondants et riches fourrages ; les montagnes de la Cordillère andine et celles de la côte renferment de grands pâturages naturels qui servent à la transhumance ; enfin, toute la région du Sud, par suite de son climat humide, est éminemment propre à la production herbacée et pourra bientôt devenir un centre important d'élevage.

Si les conditions naturelles pour la production animale sont presque partout favorables au Chili, les débouchés ne manquent pas non plus. Outre la consommation locale, relativement grande, les nombreuses mines du centre et du Nord, les salpêtrières de Tarapaca et presque toute la côte du Pacifique jusqu'à Panama, sont approvisionnées par les animaux provenant des parties agricoles du pays.

Actuellement, la consommation est bien supérieure à la production, et la différence est fournie par les animaux importés de la République Argentine.

Il y a donc de sérieux progrès à réaliser dans le domaine des entreprises zootechniques, pour arriver à fournir aux besoins sans cesse croissants.

Dans ces derniers temps, de nombreuses importations d'animaux reproducteurs d'Europe ont été effectuées par les grands propriétaires, dans le but d'améliorer les animaux communs du pays et d'obtenir une meilleure utilisation des fourrages consommés.

Les heureuses modifications déjà obtenues dans la masse des animaux indigènes, par ces constantes introductions de reproducteurs choisis, montrent ce que l'on peut espérer plus tard, et indiquent aussi les changements à faire pour arriver à de meilleurs résultats.

La *Quinta Normal de Agricultura* de Santiago, par l'enseignement de son Institut agricole et par ses importantes sections d'animaux reproducteurs, est un facteur puissant dans les améliorations zootechniques qui marchent à grand pas actuellement.

Les concours annuels d'animaux reproducteurs qui ont lieu à la *Quinta Normal*, sous le patronage de la Société nationale d'agriculture, contribuent aussi, pour une large part, à ce progrès.

ZOOTECHNIE SPÉCIALE

Espèce chevaline. — Cheval de selle. — Le cheval de selle chilien, d'origine andalouse, jouit d'une grande réputation. Harmonieux dans ses formes, il est bien dressé, doux, robuste, résistant, sobre et infatigable. Il est considéré comme le meilleur cheval de montagne.

Ces brillantes qualités sont dues principalement aux conditions spéciales de climat et de terrain dans lesquelles s'effectue l'élevage de ces animaux, et au dressage tout particulier auquel ils sont soumis avant de les livrer au service.

Cheval de trait. — Les grands progrès réalisés pendant ces dernières années, dans les diverses industries rurales, ont déterminé des nécessités nouvelles. C'est ainsi que les chevaux de trait, inconnus autrefois au Chili, commencent à se répandre de plus en plus, dans le Nord et dans le centre. Ces animaux sont employés aux labours, à la traction des machines agricoles servant à la récolte des foins et des céréales, et au transport des produits des fermes.

Le type le plus apprécié est le cheval percheron. Les croisements obtenus avec les juments du pays donnent un produit léger très recherché pour le service des villes.

D'introduction récente, les chevaux percherons et leurs croisements se propagent très vite. Dans un avenir prochain, ils joueront un grand rôle dans toutes les plaines et les vallées irriguées, en remplaçant les bœufs comme animaux de trait.

Cheval carrossier. — Autrefois le cheval de selle était le seul moyen de transport, aujourd'hui les voitures sont d'un usage général, aussi bien à la campagne qu'à la ville. Le cheval carrossier est donc actuellement très répandu au Chili.

Les carrossiers de luxe dérivent du cleaveland-bay et de l'anglo-normand. Plusieurs grands propriétaires de la région centrale s'occupent spécialement de l'élevage de ces animaux et en retirent un grand profit, soit en les vendant dans le pays ou dans les Républiques voisines, où ils sont appréciés.

Cheval de course. — Les différentes sociétés hippiques ont organisé des courses dans diverses localités du pays ; ces fêtes sont très suivies.

Le cheval de course a donc une certaine importance au Chili.

Plusieurs types de grande valeur ont été importés d'Angleterre, et l'élevage de ces animaux se fait sur une certaine échelle dans le pays.

Les fourrages verts servent de base à l'alimentation du cheval. A la campagne, il vit comme les autres animaux toute l'année au pâturage. A la ville, il reçoit de l'herbe fraîche à l'écurie, et en hiver de la paille ou du foin. Il ne mange jamais de grain.

Les étalons, les chevaux de courses et de luxe font exception. On leur donne quelquefois de l'orge en grain.

Espèce asine. — Dans le Nord et la partie montagneuse du centre, les ânes sont très employés au transport et rendent de grands services.

L'élevage de ces animaux se fait surtout dans la région centrale.

Mule. — Dans les districts miniers du Nord et du centre, la mule est le principal moyen de transport employé pour les besoins de cette très importante industrie.

Cet animal est très recherché et d'un prix assez élevé.

La production de la mule se fait dans quelques provinces du centre, mais elle est insuffisante, car on en importe de la République Argentine.

Espèce bovine. — Les animaux de l'espèce bovine sont très nombreux et jouent le rôle le plus important parmi les industries zootechniques.

Par suite de la grande importation des reproducteurs Durham, l'ancienne race introduite par les Espagnols s'est complètement transformée dans les plaines et les vallées arrosées du Nord et du centre. Elle n'a pas subi la même transformation dans le Sud et les autres régions montagneuses du pays, où la fertilité du sol est moindre.

Cette amélioration du bétail serait bien plus grande encore, si l'on abritait les animaux pendant l'hiver, et si on leur donnait une alimentation plus abondante pendant cette saison.

L'élevage des animaux bovins se fait surtout dans le Sud et dans les parties non irriguées du centre.

L'industrie laitière et celle de l'engraissement se font dans les riches prairies arrosées du centre et du Nord.

L'élevage des animaux bovins est loin de satisfaire aux besoins de la consommation intérieure et à ceux de l'exportation qui se fait en grande quantité sur toute la côte du Pacifique, jusqu'à Panama. Chaque année, environ

200 000 animaux argentins entrent au Chili, où ils viennent s'engraisser dans les herbages du centre, pour être exportés ensuite dans le Nord.

Industrie laitière. — Cette industrie est nouvelle au Chili. Il y a vingt ans, le beurre n'était guère connu que de nom. En dehors de la vente du lait dans les villes et de la fabrication du fromage ordinaire (appelé *queso del pais*) cette branche industrielle de la zootechnie était absolument nulle.

Les grands progrès réalisés par l'agriculture chilienne, l'augmentation du bien-être général, l'accroissement des débouchés extérieurs, ont favorisé, dans ces dernières années, le développement des industries zootechniques et particulièrement de l'industrie laitière.

De grands troupeaux de vaches laitières ont été formés dans les principales fermes des vallées et des plaines arrosées. A la vente du lait en nature sont venus s'ajouter les procédés de conservation et de condensation, pour l'expédition de ce produit dans les districts miniers et pour la navigation du Pacifique.

Il y a des laiteries mécaniques, parfaitement installées, et aujourd'hui c'est par centaines qu'on les compte au Chili. Plusieurs fromageries importantes fabriquent des fromages de Gruyère, Chester, Brie, Camembert, etc.

Actuellement l'industrie laitière est des plus florissantes, et il est probable que cette situation se soutiendra longtemps. Chaque jour s'ouvrent des débouchés nouveaux, et malgré l'augmentation de la production, les prix de vente resteront encore rémunérateurs.

Espèces ovine et caprine. — Les moutons sont assez nombreux dans le pays, ils subissent les mêmes transformations que les bêtes bovines. On travaille à les améliorer pour la production de la viande, et les meilleurs types anglais introduits dans les principaux troupeaux y ont apporté leur bonne conformation, leur précocité et la qualité supérieure de leur viande.

Les plus grands troupeaux de bêtes à laine existent dans la zone de la côte, dans les régions du centre et du Sud.

Les moutons ne prospèrent pas dans les terrains arrosés.

La laine trouve peu d'emploi dans le pays, elle est donc presque toute exportée, et la valeur de cette exportation atteint de 6 à 7 000 000 de francs par an.

C'est au Chili que l'on trouve les chabins. Ce sont des métis provenant du bouc et de la brebis, féconds sans limite, dont la peau couverte d'un poil rude, plus ou moins laineux, sert à la confection des selles des gens de la campagne.

L'importance de ces animaux est toute locale et tend à diminuer.

Les laines exhibées dans la section chilienne, à l'Exposition de 1889 à Paris, ont été très appréciées et ont obtenu diverses récompenses.

Les chèvres sont très abondantes dans le Nord et dans les parties montagneuses de la région du centre.

Dans ces contrées trop sèches et trop arides pour les animaux bovins, les chèvres rendent un précieux service. Leur lait remplace celui des vaches et sert aussi à la fabrication du fromage.

La viande de chevreau est très appréciée, et les peaux trouvent un débouché avantageux.

Dans ces derniers temps on a introduit la chèvre laitière de Malte et la chèvre d'Angora.

Espèce porcine. — Les porcs ne sont pas très nombreux au Chili, l'usage de leur viande est peu répandu, excepté dans le Sud et sur le littoral du Pacifique.

Mais les débouchés extérieurs ne manquent pas, et le prix de vente en est toujours très élevé ; c'est donc une industrie très lucrative et qui est appelée à prendre un grand développement.

L'introduction des porcs anglais Berkshire et Yorkshire a permis d'améliorer l'ancienne race napolitaine existant dans le pays ; elle se transforme rapidement.

Le développement de l'industrie laitière et de celles des autres industries agricoles, dont les résidus peuvent être utilisés par les porcs, permettra bientôt d'augmenter, d'une façon économique, la production porcine.

Basse-cour. — Les produits de la basse-cour sont très estimés et entrent pour une large part dans l'alimentation générale. En outre, il se fait une grande exportation de ces produits sur toute la côte du Pacifique.

La production actuelle n'est pas en rapport avec les débouchés intérieurs et extérieurs ; aussi les prix des œufs et des volailles sont relativement très élevés.

L'aviculture est une industrie qui offre de grands avantages au Chili, et il faut espérer qu'elle ne tardera pas à s'y développer, de façon à satisfaire tous les besoins.

Les animaux de basse-cour que l'on élève généralement sont :

Poules	Dindes
Canards	Pintades
Oies	Pigeons

Les lapins domestiques, récemment introduits, se sont vite propagés.

Apiculture. — Le Chili présente des conditions exceptionnellement favorables pour l'apiculture.

Cette industrie, d'introduction récente, avait pris un
grand essor dans les vallées du Nord et du centre. Seulement le bas prix actuel de la cire et du miel a causé
un arrêt dans son développement, et elle est aujourd'hui
en décadence.

Sériciculture. — Ainsi que pour l'apiculture, le Chili
présente des conditions tout à fait favorables à l'industrie des vers à soie.

Il y a vingt-cinq à trente ans, des entreprises séri-
cicoles furent faites en grand dans diverses localités du
centre et du Nord. Là comme ailleurs, ces grandes édu-
cations donnèrent de mauvais résultats. Cet insuccès a
retardé jusqu'à présent l'essor que devrait prendre cette
industrie dans le pays.

Cependant, il existe actuellement quelques petits édu-
cateurs qui obtiennent des produits abondants et de
première qualité. C'est en suivant cette voie que l'on
arrivera à créer, d'une façon sérieuse, l'industrie séri-
cicole au Chili.

Les cocons et les soies présentés à l'Exposition de
Paris 1889 ont été remarqués, et le Jury leur a adjugé
des récompenses.

Les grands progrès réalisés, dans ces derniers temps,
dans toutes les industries zootechniques, sont dus à la sol-
licitude du gouvernement, aux efforts constants de la
Société nationale d'agriculture de Santiago, et surtout à
la *Quinta Normal*, par son enseignement de l'Institut
agricole, et par ses importantes sections d'animaux domestiques, qui servent de type aux agriculteurs.

Pisciculture. — Les eaux du Chili sont pauvres en espèces aquatiques, et principalement en poissons.

Cependant à notre époque, beaucoup de cours d'eau et de lacs présentent des conditions favorables à la vie de ces êtres.

Désireux de modifier un tel état de choses, le gouvernement, sur la proposition de la Société nationale d'agriculture, a fondé, il y a trois ans, un établissement de pisciculture et un aquarium, à la *Quinta Normal* (Santiago).

Cet établissement a surtout pour but l'introduction, la multiplication et la propagation des espèces de poissons les mieux appropriées aux diverses régions et aux besoins du pays.

Les poissons qui ont été importés d'Europe, jusqu'à ce jour, à l'établissement et qui ont réussi à s'acclimater sont : les saumons de Californie, les carpes, les tanches, les orfes et les anguilles.

Prochainement, l'établissement piscicole de la *Quinta Normal* sera en mesure de fournir les poissons nécessaires au repeuplement des grandes rivières et cours d'eau.

TABLE DES MATIÈRES

FIN

OUVRAGES SUR LE CHILI

QU'ON PEUT CONSULTER

A LA LÉGATION CHILIENNE, A PARIS

La Quinta Normal de Agricultura, ouvrage sur l'enseignement agricole au Chili, par René F. Le Feuvre.

Les Beaux-Arts au Chili, par Vicente Grez.

Les Plantes médicinales du Chili, par le docteur Murillo.

L'Hygiène et l'Assistance publique au Chili, par le docteur Adolphe Murillo.